U0098256

# 簡單吃義大利麵
# PASTA

## 平凡的食材、萬用基本醬汁，用味蕾感受義式料理的滋味！

熱炒麵、冷拌麵、焗烤麵配不同醬汁，
享用私心偏愛的義式風味！

洪嘉妤 ◎著

朱雀文化

序
# 義大利麵，新手也能輕鬆做！

　　台灣是美食國度，對異國料理的接受度很高，其中義大利麵更受到許多人的青睞。每次親朋好友聚餐，也發現大家對義大利麵特別情有獨鍾。我喜歡烹飪，也愛吃義大利麵，時常在家自己煮，不僅填飽家人的肚子，還能招待來訪的朋友。對我來說，這些引人食慾、讓人滿足的料理不論在做法、食材取得上，並非那麼困難。確切地說，義大利麵有高難度的餐廳版，但同時也有適合大眾在家烹調的家庭版。

　　喜愛義大利麵的我，在10年前出版了一本食譜《新手做義大利麵、焗烤》，分享自己的拿手料理，但因時間久遠，這本書已經絕版了。近來接到不少讀者的詢問，與出版社討論之後，決定選出書中的義大利麵，重新出版這本《簡單吃義大利麵》。

　　為了讓讀者們輕鬆體驗義大利麵的美味，我將這本書的內容分成3個單元：「Part1新手易學」，專為第一次學做義大利麵的人設計，大多15分鐘以內就能完成。「Part2經典不敗」，挑選久吃不膩的傳統口味料理，學會後可以收入自己的私房菜。「Part3人氣流行」，以多種麵條搭配不同醬汁，完成好口味的冷拌麵、熱麵。此外，加上「Before烹調義大利麵之前」單元，讓讀者看圖熟知食材，以及學習基本醬料、高湯的做法。而書中的每道義大利麵，是以普通一人份計算材料，讀者可以依家中人數變更分量。

　　《簡單吃義大利麵》是專為料理新手設計的食譜，教讀者靈活運用現成品、半成品，再學會幾種基本醬汁、高湯，任何時候只要想吃義大利麵，都能自己烹調出美味可口的義大利麵，讓所有人吃得盡興。是否迫不及待想大啖一盤義大利麵？今天晚上就試試吧！

洪嘉妤　2021.09

# Contents目錄

## Before
## 烹調義大利麵之前

## Part1
## 新手易學

## Part2
## 經典不敗

# Part3
# 人氣流行

# Before
# 烹調義大利麵之前

義大利麵的外型有百種以上，這裡介紹比較常見、易買到的產品。此外，分享紅醬、青醬、白醬和蒜味橄欖油、高湯等基本醬料的做法，事先做好醬料，即使忙碌的日子裡，也能輕鬆優雅地享用義大利麵。

# 義大利廚房必備材料

書中這些義大利麵料理都很適合新手在家製作，不過烹調之前，先看看要準備哪些基本食材。此外，還可以自由變換食材，天天變化風味吃不膩。

## • 義大利麵類

直麵條

直麵

寬麵

墨魚麵

這是最常見的義大利麵，像直麵、細麵、天使髮麵、寬麵等，都屬於直麵條。如果是第一次嘗試煮義大利麵，建議以直麵條入門。除了製作上容易掌握之外，也比較能呈現出義大利麵最真實的風格。直麵條依粗細也有幾種選擇，最大眾、適用性最高的，是粗細適中的林昆尼（Linguine）麵條，也就是我們一般最常見的義大利直麵條，口感最具彈性，也是最容易煮得好吃的一種，直接拌蒜味橄欖油就很可口。而寬麵條則屬於有咬勁的麵條，適合口味溫和、濃郁帶醬汁的菜式，別有一番成熟穩重的情調。

蝴蝶麵

通心粉

螺旋麵

貝殼麵

筆尖麵

除了普遍的直麵條之外，像蝴蝶麵、螺旋麵、貝殼麵、圓形麵、S形麵、車輪麵和通心粉這些五花八門的造型麵條，不僅在視覺吸引人，味覺上更能變化不同風味，給人的印象比較特別。不過，在菜式的搭配上，造型麵條並沒有傳統直麵條來得簡單，因為造型後的義大利麵形狀多為管狀，或是具有較多的皺摺，需要煮較長的時間才能完全熟透，時間不易掌握；加上它特殊的形狀會吸附較多的醬汁，其搭配醬汁的濃稠度，要隨著形狀調整，才不會口味太重。所以，以不同形狀的麵條烹調時，要調味得恰到好處，需要一些經驗與心得。

## tips

1. 義大利麵的原料是杜蘭（durum）品種的小麥粉，這種小麥粉所含的麵筋比例比其他品種的都高，因此做出來的義大利麵不但散發出麥香，滑韌的口感更非其他麵條所能取代，這也正是義大利麵受到大家喜愛的原因。

2. 義大利麵最強調的就是天然與營養，因此，自然而然利用了不少具有營養的天然材料，當作麵條的調味與調色添加物，像四色麵中的綠色是添加了菠菜汁，紅色是胡蘿蔔汁，黃色是雞蛋的色澤，黑色則是墨魚汁。除了墨魚麵之外，其他的口感和風味與原味麵條都相似，幾乎都能任意搭配，只要注意料理顏色選擇即可。

## • 油脂類

### 橄欖油

是最營養健康的油品，也是義大利料理最基本的材料。味道溫和、清香，適合各種烹調方式，也可直接用來製作拌醬。依橄欖油製作過程分為數種等級，一般選用普通品即可。

### 奶油

奶油的香味較濃郁，很適合搭配肉類料理。如果喜歡口味重一點，可以用奶油取代橄欖油烹調。

## • 奶製品和起司類

### 鮮奶油

分為動物性、植物性兩種，做菜的話，選擇動物性的比較適合，多用於增加料理的香味與濃稠度。

### 披薩起司

現成的披薩起司多由高達起司、馬芝瑞拉起司切絲混合，很方便使用，可直接用來製作披薩、焗烤類料理。

### 起司粉

除了自己磨起司粉之外，用現成的罐裝起司粉也很方便，可用於調味，或直接撒在菜餚上增添香味。

## 帕瑪森、高達、馬芝瑞拉起司

起司的種類很多，依成熟度的差異，風味、價格不相同。成熟度越高，味道越重，價格也越昂貴。一般可以選擇口味大眾、價格適中的帕瑪森起司（Parmesan Cheese）、高達起司（Gouda Cheese）、馬芝瑞拉起司（Mozzarella Cheese）。帕瑪森起司屬於硬質起司，適合切割成不同形狀；高達起司和馬芝瑞拉起司屬於新鮮起司，應用很廣泛，加熱後不會融化，有拉絲效果，適合製作披薩和焗烤類。

帕瑪森起司

高達起司

馬芝瑞拉起司

## • 蕃茄類

### 牛蕃茄

市面上很常見，比較大顆的蕃茄，一般當作蔬菜使用。通常用在烹調中、西式料理，像涼拌沙拉、三明治餡料、蕃茄濃湯等菜色。

### 蕃茄糊

濃縮的蕃茄泥，是製作紅醬的基本材料，濃稠度很高，顏色也很深，用量不需太多，一般購買小罐裝即可。

### 蕃茄汁

想要蕃茄味道重一些，但又不想要太稠時，可以選擇蕃茄汁。它的酸味較溫和，但要注意是否有甜味，再調整調味的比例。

### 去皮蕃茄

新鮮蕃茄要熬煮到熟爛需不少時間，直接用去皮蕃茄更方便省時，稍微熬煮一下，味道就很足夠。

## • 調味品類

料理上多用於增香、去腥的醃料，紅肉用紅酒醃、白肉用白酒醃，用量很少，所以如果平常沒有喝紅、白酒的習慣，購買普通價位的即可。

義大利酒醋香味很濃、酸味也很重，用法與一般醋類似，剛開始嘗試可能不太習慣，不過非常值得品嘗。一般有紅酒醋、白酒醋可供選擇。

紅酒　　　　　白酒

紅酒醋　　　　白酒醋

塔巴斯可醬（Tabasco）是西式料理常用的辣椒醬，辣味與香味都夠重，使用時要斟酌用量。

12

## • 香料類

### 九層塔

西式料理中的羅勒葉，而台灣的品種辛味較重，甜味較低，但用法相同。超市也能買到乾燥的瓶裝羅勒，味道比較柔和。

### 巴西里

巴西里是義式料理中用途最廣的香料，它的味道與蕃茄、起司最搭配，也是製作紅醬的基本材料。

### 月桂葉

味道很重，添加1、2片就很夠味，適合用來燉煮與熬湯，尤其用來燉肉，味道最佳。

### 迷迭香

味道比較刺激，大多用來醃漬材料，尤其是醃肉最適合。

### 義大利香料

是由數種香料調配成的綜合香料，味道香甜，很大眾化，以乾製的為主。

## • 配料類

### 培根

培根在製作義大利麵時非常
好用,可以當作主材料,也
可用來增加香味與滑順
口感。當主材料
時,可以選擇
瘦一點的,
較不油膩。

### 酸豆

是可以隨性搭配的
材料,尤其像搭配
蒜香義大利麵這類
清炒的料理,加一
點拌一下,很有提
味的作用。

### 黑橄欖、綠橄欖

浸漬的黑橄欖與綠
橄欖都是常用的配
料,主要用於增添
風味。綠橄欖略帶
酸味,黑橄欖則以
香味為主。

### 洋蔥

是義式料理中最常見的材料之
一,它能去腥、增香,尤其在
燉煮後,還會釋出天然鮮甜
味,使料理的味道更柔和。

# 醬料DIY

有些常用的半成品可以保存久一點，不妨有空時多做一點，密封包裝後放入冷藏保存，方便隨時取用，可以縮短日常烹調的時間。

## • 麵醬類

紅醬　白醬

### 材料（5人份）
中型紅蕃茄2顆、洋蔥1/4個、巴西里末1小匙、月桂葉1片、橄欖油3大匙、高湯1杯（240c.c.）、蕃茄汁1/2杯、蕃茄糊1/2杯、黑胡椒粒1/2小匙、鹽適量

### 做法
**1** 蕃茄切小丁；洋蔥切末；高湯做法參照 p.17。

**2** 鍋燒熱，倒入橄欖油燒熱，先加入洋蔥、蕃茄以小火炒香，續入高湯、蕃茄汁、蕃茄糊、巴西里末、月桂葉攪勻後，以中小火熬煮約30分鐘。

**3** 撈出月桂葉，加入黑胡椒粒、鹽調味即成。

### tips
1. 書中使用的「杯」為240c.c.的杯子。
2. 紅醬的用途最廣，只要不受污染，保存1個　星期以上都沒問題。建議一次多做一些，而且味道也會隨著時間而更香濃夠味。

### 材料（5人份）
洋蔥1/4個、奶油2大匙、麵粉2大匙、動物性鮮奶油1杯、鮮奶1杯、鹽適量

### 做法
**1** 洋蔥切末。

**2** 鍋燒熱，倒入奶油燒融，先加入洋蔥以小火炒香，續入麵粉快速翻炒均勻。

**3** 分次加入動物性鮮奶油攪勻，再加入鮮奶拌勻後煮滾，最後加入鹽調味即成。

### tips
白醬的口感很濃稠，所以用量通常不多。材料中因為加了鮮奶，所以最好不要放超過3天，要是用不完，可以拿來做成濃湯，味道也相當不錯呢！

## 青醬

### 材料（5人份）
九層塔葉200克、蒜仁2粒、松子1小匙、起司粉2小匙、橄欖油300c.c.、白胡椒1/2小匙、鹽適量

### 做法
1 將九層塔葉之外的材料，先放入果汁機中攪打均勻。

2 加入九層塔葉打成泥狀即成。

### tips
青醬有股濃郁的特殊香氣，雖然也可以事先做好，但因打過的九層塔放久了顏色會變深，所以建議現做現吃為佳。

### 柳橙油醋汁

### 材料（5人份）
橄欖油1杯、白酒醋1大匙、柳橙汁1/2杯、巴西里末1/2小匙

### 做法
所有材料倒入大鋼盆中，以打蛋器攪打均勻即成。

### tips
柳橙油醋汁適合做冷食，可以當作淋醬、拌醬或是浸漬醬來做冷麵、沙拉，或其他開味小菜。柳橙汁也可以換成蘋果汁、葡萄柚汁、蕃茄汁、葡萄汁等，風味各具特色。

## 肉醬

### 材料（5人份）
牛絞肉250克、豬絞肉250克、洋蔥1/4個、胡蘿蔔1/4支、西洋芹1/2支、罐頭去皮蕃茄4顆、高湯11/2杯、蕃茄糊3大匙、橄欖油6大匙、迷迭香1/4小匙、鹽適量

### 做法
1 洋蔥、胡蘿蔔、西洋芹和去皮蕃茄都切末；高湯做法參照p.17。

2 鍋燒熱，倒入橄欖油燒熱，先加入洋蔥以小火炒香，續入牛絞肉、豬絞肉翻炒至熟透，再加入去皮蕃茄、胡蘿蔔、西洋芹炒約30秒鐘。

3 倒入高湯、蕃茄糊、迷迭香攪勻，以中小火熬煮約1小時，最後加入鹽調味即成。

### tips
製作肉醬要慢工細活，所以很花時間。肉醬保存期限最長，可以直接冷凍保存，只要做好後不要沾到生水，放1個月都不會變質、腐壞。

## • 調味油、高湯類

蒜味橄欖油

**材料（5人份）**
大蒜4～5粒、橄欖油1/2杯、密封玻璃瓶1個

**做法**
1 大蒜去皮洗淨，徹底擦乾水分後放入坡璃瓶中。

2 倒入橄欖油後密封，然後放在陰涼處1個星期以上即成。

✎**tips**
蒜味橄欖油是很實用的調味橄欖油。烹調料理時加入一些，比直接加入大蒜更濃郁、香醇。製作這類油時，材料含容器都不可含有水，並且要確實密封好，否則做好的調味橄欖油容易變質、腐壞。

辣味橄欖油

**材料（5人份）**
紅辣椒4～5支、橄欖油1/2杯、密封玻璃瓶1個

**做法**
1 紅辣椒洗淨，徹底擦乾水分，放入玻璃瓶中。

2 倒入橄欖油後密封，然後放在陰涼處1個星期以上即成。

✎**tips**
除了大蒜、紅辣椒，像迷迭香、鼠尾草等香草植物，也很適合製作香料油。

高湯

**材料（5人份）**
雞骨架1副、香菜束適量

**做法**
1 雞骨架洗淨，放入滾水中汆燙，瀝乾水分；香菜束洗淨。

2 將雞骨架、香菜束放入湯鍋中，加入八分滿的水，先以中火煮滾，再改小火續煮約1小時，濾出湯汁即成高湯。

✎**tips**
香菜束是將高麗菜、胡蘿蔔、西洋芹的皮、葉、蒂頭不吃的部分，洗淨後綑綁成一束，或放入大砂布袋裡裝好做成的，可以拿來與雞骨、豬骨等熬煮高湯。完成的高湯能釋放出蔬菜的天然甜味。

# 煮出好吃的義大利麵

一般市售的義大利麵,都是乾製後硬梆梆的麵條。在乾製的過程中,麥香會稍微喪失,但經過正確的水煮之後,麵條的口感就能完全恢復。想要做出可口的義大利麵,首先要學會正確的煮麵方法,只要能掌握煮麵的訣竅,新手也能輕鬆煮好。

**材料** 義大利麵或造型麵條100克、水800c.c.、橄欖油些許、鹽些許

**1** 煮義大利麵需要足夠的水,100克的麵條大約需800c.c.的水才夠,先將水煮滾。

**2** 水中加一點鹽,可以幫助麵條熟度一致,並讓麵條本身略帶鹹味,尤其可以讓顏色更鮮豔。

**3** 加一點橄欖油煮麵,可以防止麵條因互相黏住而不熟,同時還可增加麵條的光亮色澤。

**4** 等水滾,放入義大利麵,此處以通心粉示範。放麵時,盡量將麵散開(直麵條的話,以放射狀放入鍋中),並隨即攪拌一下,以免麵黏在鍋底。放入麵後火可以關小,但要維持小滾的程度。

**5** 當麵煮至顏色看起來略透明,中心還帶有一點白色即可,除非要直接拌醬,否則不要煮太熟。撈起來後先泡入冷水,讓麵定型,降溫後才不會變糊。

**6** 如果要直接烹調,可以不要再拌油,但若沒有要立刻處理,最好再拌一點油,以免喪失水分而變乾硬。

（右表為參考時間，各家廠牌不同會有差異，煮麵前，最好先確認包裝上的說明。）

| 麵條種類 | 烹煮時間 |
|---|---|
| 義大利麵、花邊麵、蝴蝶麵 | 10 分鐘 |
| 墨魚寬麵、寬麵 | 8 ～ 10 分鐘 |
| 千層麵 | 8 分鐘 |
| 斜管麵、筆尖麵 | 7 ～ 8 分鐘 |
| 貝殼麵、車輪麵、螺旋麵 | 7 分鐘 |
| 通心粉、S形麵 | 6 分鐘 |
| 天使髮麵、細扁麵 | 4 ～ 5 分鐘 |

# 蕃茄去皮

蕃茄是義大利料理中常見的食材，如果不喜歡吃蕃茄外皮的口感，可以參照以下的方法，將蕃茄的外皮去除，然後再烹調。

**1** 蕃茄洗淨，去蒂後直接放入滾水中，以小火慢慢氽燙。

**2** 蕃茄會浮在水面，在氽燙的過程中需要不時翻動，使其均勻受熱。

**3** 當蕃茄表面出現大塊的裂痕後撈出，要小心若氽燙太久，蕃茄果肉會裂開。

**4** 撈出蕃茄後立即放入冷水中浸泡，稍微滾動，讓整顆蕃茄能均勻降溫。

**5** 不需等到完全降溫，只要大約降溫至不燙手，就可以取出蕃茄，將外皮撕除。

## Part1
## 新手易學

義大利麵一直是最受歡
迎的異國人氣麵食。這
個單元專為料理初學者
設計，挑選出數十道做
法簡單、食材單純好買
的料理。只要變換麵條
的類型，變化口味，天
天都能品嘗到不同風味
的義大利麵。

# 蕃 茄 蝴 蝶 麵

酸甜風味的蕃茄可以搭配任何義大利麵，
濃郁酸爽，怎麼吃都吃不膩！

**材 料**
蝴蝶麵120克、中型紅蕃茄2顆、洋蔥20
克、起司粉適量

**調 味 料**
奧利塔精緻橄欖油1大匙、紅醬3大匙、胡
椒粉1/4小匙、鹽適量

**做 法**

**1** 參照p.18「煮出好吃的義大利麵」，將
蝴蝶麵煮熟，泡入冷水中，瀝乾水分。

**2** 紅蕃茄去蒂洗淨，切塊；洋蔥切丁。

**3** 紅醬做法參照p.15。

**4** 鍋燒熱，倒入橄欖油燒熱，先加入洋蔥
以小火炒軟，續入蕃茄、紅醬略炒一
下，放入蝴蝶麵拌勻。

**5** 加入胡椒粉和鹽調味，最後撒上起司粉
即成。

## ✐tips

選對優質橄欖油，可以讓料理風味更加分。像來自義大利，成立
超過半個世紀的奧利塔（OLITALIA）頂級橄欖油，行銷世界120
餘國，在台灣很受消費者的喜愛，是極佳的橄欖油。一般可在超
市、有機商店和電商平台買到，非常方便。

難易度 ★☆☆

# 蕃茄甜椒義大利麵

寬麵條口感彈牙、有嚼勁，
能吸附更多濃郁的紅醬，風味佳。

**材料**
義大利寬麵120克、
中型紅蕃茄1顆、甜
椒100克、培根1片、
洋蔥20克

**調味料**
橄欖油1大匙、紅醬1
大匙、高湯2大匙、
胡椒粉1/4小匙、鹽
適量

**做法**

**1** 參照p.18「煮出好吃的義大利麵」，將義大利寬
麵煮熟，泡入冷水中，瀝乾水分。

**2** 紅蕃茄、甜椒去蒂洗淨，切塊；培根切小片；洋
蔥切丁。

**3** 紅醬做法參照p.15；高湯做法參照p.17。

**4** 鍋燒熱，倒入橄欖油燒熱，先加入培根、洋蔥以
小火炒軟，續入蕃茄、甜椒和紅醬、高湯略炒一
下，放入寬麵拌勻。

**5** 加入胡椒粉和鹽調味即成。

✎**tips**

義大利寬麵（Fettuccine）在義大利語中有小片緞帶的
意思，麵條寬度約0.75公分，在羅馬料理、托斯卡納
料理中很受歡迎。除了原味麵條，也有菠菜口味的。

# 蔬菜筆尖麵

挑選喜愛的蔬菜搭配筆尖麵，
忙碌時，輕鬆就能享受一盤豐盛的義大利麵。

Part1
新手易學

**材料**
筆尖麵120克、洋蔥1/4
顆、紅甜椒、黃甜椒共
60克、胡蘿蔔50克、芹
菜50克、培根1片、巴
西里末適量

**調味料**
橄欖油1大匙、紅醬2大
匙、鮮奶油2大匙、胡
椒粉1/4小匙、鹽適量

**做法**

1 參照p.18「煮出好吃的義大利麵」，將筆尖麵
煮熟，泡入冷水中，瀝乾水分。

2 洋蔥、胡蘿蔔去皮後切粗條；甜椒去蒂後洗
淨，切粗條；芹菜洗淨後切段；培根切小片。

3 紅醬做法參照p.15。

4 鍋燒熱，倒入橄欖油燒熱，先加入培根、洋蔥
以小火炒軟，續入所有蔬菜和紅醬、鮮奶油略
炒一下，放入筆尖麵拌勻。

5 加入胡椒粉和鹽調味，撒上巴西里末即成。

**tips**
筆尖麵（Penne Rigate）又叫筆管麵，麵體表面有細
細的溝槽，能吸附到更多醬汁。通常搭配紅醬、白醬
烹調。

# 菠菜鮮蝦麵

一尾尾鮮甜的蝦子是這盤麵的主角，
嗜吃海鮮的人絕對不能錯過。

Part1
新手易學

**材料**
義大利寬麵120克、
菠菜50克、鮮蝦3
尾、洋蔥20克

**調味料**
橄欖油1大匙、紅
醬4大匙、高湯4大
匙、胡椒粉1/4小
匙、鹽適量

**做法**

**1** 參照p.18「煮出好吃的義大利麵」，將義大利
寬麵煮熟，泡入冷水中，瀝乾水分。

**2** 菠菜洗淨，切段；鮮蝦洗淨，挑除腸泥；洋蔥
切丁。

**3** 紅醬做法參照p.15；高湯做法參照p.17。

**4** 鍋燒熱，倒入橄欖油燒熱，先加入洋蔥以小火
炒軟，續入整尾鮮蝦、菠菜和紅醬、高湯略炒
一下，放入寬麵拌勻。

**5** 加入胡椒粉和鹽調味即成。

**✍ tips**

烹調菠菜時，因為根部較不易煮熟，可先放入菠菜
根烹調。鮮蝦也可以去掉蝦殼後再煮。

# 日昇培根麵

新鮮蛋黃是最大的亮點，
與麵拌勻，好吃得讚不絕口！

**Part1**
**新手易學**

**材料**
義大利寬麵120克、培根2片、洋蔥20克、
蛋黃1顆

**調味料**
橄欖油1大匙、白醬2大匙、鮮奶油1大匙、鹽
適量

**做法**

1 參照p.18「煮出好吃的義大利麵」，將義
大利寬麵煮熟，泡入冷水中，瀝乾水分。

2 培根切小片；洋蔥切丁；白醬做法參照
p.15。

3 鍋燒熱，倒入橄欖油燒熱，先加入洋蔥、
培根以小火炒香，續白醬、鮮奶油煮勻，
放入寬麵拌勻。

4 加入鹽調味後盛入盤中，中央打入蛋黃，
趁熱拌勻即成。

# 茄汁鯷魚義大利麵

以鹹香風味的鯷魚入義大利麵，
為料理增添獨特的海鮮滋味。

Part1
新手易學

**材料**
三色圓形麵120克、
罐頭鯷魚肉80克、
青豆70克、黑橄欖4
粒、洋蔥20克

**調味料**
橄欖油1大匙、蕃茄
汁3大匙、高湯2大
匙、鹽適量

**做法**

1 參照p.18「煮出好吃的義大利麵」，將圓形麵煮熟，泡入冷水中，瀝乾水分。

2 青豆洗淨；黑橄欖切片；洋蔥切丁。

3 高湯做法參照p.17。

4 鍋燒熱，倒入橄欖油燒熱，先加入洋蔥以小火炒軟，續入蕃茄汁、高湯、青豆、罐頭鯷魚肉和黑橄欖略煮一下，放入圓形麵拌勻。

5 加入鹽調味即成。

✎**tips**

鯷魚罐頭可在專售西式料理食材的店家，或百貨公司超市，或網路上的進口食材店購得。罐頭鯷魚肉風味鹹香，是極富異國風味的食材。

田園風味麵

檸香拌捲捲麵

# 田園風味麵

搭配火腿、青豆等現有材料，
輕鬆製作義式農家鄉村料理。

# 檸香拌捲捲麵

以檸檬清爽的香氣調味，
加多種蔬果，餐餐吃得更健康。

**材料**
螺旋麵120克、火腿70克、青豆50克、洋蔥20克

**調味料**
橄欖油1大匙、白醬4大匙、鮮奶5大匙、胡椒粉1/4小匙、鹽適量

**做法**

1 參照p.18「煮出好吃的義大利麵」，將螺旋麵煮熟，泡入冷水中，瀝乾水分。

2 火腿切丁；青豆洗淨；洋蔥切丁。

3 白醬做法參照p.15。

4 鍋燒熱，倒入橄欖油燒熱，先加入洋蔥以小火炒軟並炒香後，續入火腿、青豆、白醬和鮮奶，以小火略煮一下。

5 等入味熟透後加入胡椒粉、鹽調味，盛出淋在螺旋麵上即成。

**材料**
捲捲麵150克、蘋果1/3個、檸檬少許、黃甜椒50克、橘甜椒50克

**調味料**
檸檬汁1/2大匙、市售義式沙拉醬2大匙

**做法**

1 參照p.18「煮出好吃的義大利麵」，將捲捲麵煮熟，泡入冷開水中，瀝乾水分。

2 蘋果、檸檬洗淨，切小塊；調味料放入小碗中調勻。

3 黃甜椒、橘甜椒洗淨，去蒂和籽後切小片，放入滾水中汆燙約30秒鐘，撈出瀝乾水分。

4 將所有材料放入容器中，倒入調勻的調味料拌勻即成。

# 辣香油義大利麵

什錦菇義大利麵

難易度 ★☆☆

# 辣香油義大利麵

單純以辣味橄欖油、高湯調味，

做法簡單，美味不打折扣。

**Part1**
新手易學

**材料**
S形麵120克、培根
1片、大蒜2粒、紅
辣椒1支

**調味料**
辣味橄欖油1大
匙、高湯2大匙、
鹽適量

**做法**

1 參照p.18「煮出好吃的義大利麵」，將S形麵煮熟，
泡入冷水中，瀝乾水分。

2 培根切末；大蒜切片；紅辣椒去蒂，洗淨切片。

3 高湯、辣味橄欖油做法都參照p.17。

4 鍋燒熱，倒入橄欖油燒熱，先加入培根、蒜片、紅
辣椒以小火炒香，續入高湯，放入S形麵拌勻。

5 加入鹽調味即成。

## tips

一般人多以為橄欖油只有原味，其實在國外，許多人會
將香料放入橄欖油中，製成不同風味的橄欖油，讓料理
口味更多變化。

難易度 ★☆☆

# 什錦菇義大利麵

專為喜愛吃菇類的人設計，
是吃膩了肉、海鮮之外的新選擇。

**材料**
義大利麵120克、
新鮮菇類3種各40
克、培根1片、洋
蔥20克、紅辣椒1
支、巴西里末適量

**調味料**
橄欖油2大匙、黑
胡椒粒1/2小匙、
鹽適量

**做法**

1 參照p.18「煮出好吃的義大利麵」，將義大利麵煮
  熟，泡入冷水中，瀝乾水分。

2 鮮菇洗淨，切塊；培根切末；洋蔥切末；紅辣椒去
  蒂，切片。

3 鍋燒熱，倒入橄欖油燒熱，先加入洋蔥、培根和紅
  辣椒以小火炒香，續入鮮菇、巴西里末炒熟，放入
  義大利麵拌勻。

4 加入黑胡椒粒、鹽調味即成。

✎**tips**
這道料理中加入的鮮菇，以當季能買到的新鮮菇類為
佳，當季食材能讓料理的美味達到極致。

南瓜醬義大利麵

蕃茄火腿水管麵

# 南瓜醬義大利麵

口感綿密香甜的南瓜成了料理主角，
精心烹調，讓大家都愛上它！

**材料**
三色圓形麵120克、洋蔥20克、
南瓜200克

**調味料**
高湯80c.c.、橄欖油1大匙、鮮奶油2
大匙、鹽適量

**做法**

1 參照p.18「煮出好吃的義大利
　麵」，將圓形麵煮熟，泡入冷
　水中，瀝乾水分。

2 洋蔥切丁；高湯做法參照p.17。

3 南瓜洗淨，一半切丁，另一半
　去皮後，與高湯以果汁機一起
　打成南瓜泥。

4 鍋燒熱，倒入橄欖油燒熱，先
　加入洋蔥以小火炒軟，續入南
　瓜丁炒熱，加入南瓜泥、鮮奶
　油和三色圓形麵煮勻，再以鹽
　調味即成。

# 蕃茄火腿水管麵

香Q的火腿深受大人、小孩的喜愛，
搭配蕃茄與紅醬，風味清爽不膩口。

**材料**
水管麵120克、火腿100克、去皮
蕃茄2顆、洋蔥20克、大蒜1粒

**調味料**
橄欖油1大匙、紅醬1大匙、鮮奶1
大匙、辣椒醬1/2小匙、黑胡椒粒
1/4小匙、鹽適量

**做法**

1 參照p.18「煮出好吃的義大利
　麵」，將水管麵煮熟，泡入冷水
　中，瀝乾水分。

2 火腿切小三角塊；去皮蕃茄切小
　塊；洋蔥切丁；大蒜切片。

3 紅醬做法參照p.15。

4 鍋燒熱，倒入橄欖油燒熱，先加
　入洋蔥、大蒜以小火炒香，續入
　紅醬、鮮奶、辣椒醬和火腿、去
　皮蕃茄略煮30秒鐘，放入水管
　麵拌勻。

5 加入黑胡椒粒和鹽調味即成。

# 明太子義大利麵

日本人的義大利麵獨特吃法，
美味得令人一盤接一盤！

Part1
新手易學

**材料**
義大利細麵100克、
明太子麵醬調理包1
包、海苔適量

**調味料**
柴魚粉1/3小匙

**做法**

1 參照p.18「煮出好吃的義大利麵」，將義大利細麵
  煮熟，泡入冷水中，瀝乾水分。

2 海苔切細絲。

3 將義大利細麵放入深盤子中，倒入明太子麵醬調理
  包，撒上海苔絲。

4 食用時，將明太子麵醬和細麵拌勻即成。

## tips

明太子就是鱈魚卵，在日本算是很高級的食材，雖然和
烏魚子一樣是魚卵經過加工製成的，不過，因為明太子
只經過拌鹽和醃泡醬汁，所以還保留了魚卵原本的口
感，不像烏魚子變得硬梆梆的。以明太子來做義大利
麵，就是日本人喜愛明太子的表現，更直接製作成了明
太子麵醬，造福所有愛吃義大利麵的懶人。

# 蕃茄鮪魚冷麵

罐頭鮪魚搭配義大利麵，
炎炎夏日的涼爽吃法。

Part1
新手易學

**材料**
義大利細麵100克、綠
花椰菜100克、罐頭鮪
魚100克

**調味料**
紅醬5大匙、高湯2大匙

**做法**

**1** 參照p.18「煮出好吃的義大利麵」，將義大利
細麵煮熟，泡入冷水中，瀝乾水分。

**2** 鮪魚肉剝小塊；紅醬做法參照p.15；高湯做法
參照p.17。

**3** 綠花椰菜洗淨，去除老皮後切小朵，放入滾水
中汆燙熟，瀝乾水分。

**4** 碗中倒入紅醬、高湯與鮪魚肉，加入綠花椰菜
拌勻，最後加入細麵拌勻即成。

**tips**
這裡使用的是帶油的罐頭鮪魚，更具濃郁的香氣。

# 日式味噌義大利麵

以口感彈牙的義大利麵取代拉麵，
品嘗意想不到的美味。

Part1
新 手 易 學

**材料**
義大利細麵100克、海帶芽1/2小匙、細蔥10
克、味噌1大匙

**調味料**
柴魚粉1/3小匙、鹽少許

**做法**

1 參照p.18「煮出好吃的義大利麵」，將
義大利細麵煮熟，泡入冷水中，瀝乾水
分。

2 細蔥洗淨，切末；海帶芽泡水漲發，抓
洗乾淨；味噌以2大匙冷開水調勻。

3 鍋中倒入240c.c.的水煮滾，放入海帶芽、
柴魚粉和鹽再次煮滾，淋入調勻的味噌
水，以小火繼續煮約3分鐘。

4 放入細麵，煮至略收乾，盛入深盤中，
撒上細蔥即成。

**tips**

日本味噌的口味千變萬化。單一口味的味噌
通常風味沒那麼好，可能太鹹或太甜，最簡
單的懶人調配法是，拿等量的白味噌和赤（
紅）味噌調合，風味都算不錯。

烤蔬冷拌義大利麵

芥末籽義大利麵

# 烤蔬冷拌義大利麵

五顏六色的蔬菜拌上香料烘烤，
蔬菜不同層次的鮮甜，是料理最好的佐料。

**Part1**
新 手 易 學

**材料**
筆尖麵80克、南瓜40克、西洋芹30克、新鮮香菇1朵、蘑菇2朵、青椒20克、紅甜椒20克、巴西里末少許

**調味料**
橄欖油3大匙、黑胡椒粒1/4小匙、鹽適量

**做法**

**1** 南瓜、西洋芹、新鮮香菇、蘑菇都洗淨，切小塊。

**2** 青椒、紅甜椒洗淨，去蒂後切小塊。

**3** 將蔬菜、香菇放入烤盤中，加入所有調味料拌勻，移入預熱好的烤箱，以210℃烘烤約20分鐘至熟，中間需再次拌勻，取出趁熱撒上巴西里末拌勻。

**4** 參照p.18「煮出好吃的義大利麵」，將筆尖麵煮熟，泡入大量冷開水中，浸泡至冷卻後瀝乾水分，放入烤好的做法**3**中拌勻即成。

✎ **tips**
蔬菜塊切的尺寸會影響烘烤的時間，切太小塊，烘烤時會過度失去水分；太大塊則需要較長的時間才能熟透，因此蔬菜盡量切成略長一點的塊狀，厚約1～1.5公分。

# 芥末籽義大利麵

滑潤又有層次口感的芥末籽醬，
為義大利麵帶來不同的新風味。

**材料**
義大利細麵100克、
紅甜椒30克、馬芝
瑞拉起司（Mozzarel-
la Cheese）適量、九
層塔葉少許

**調味料**
芥末籽醬3大匙、胡
椒粉少許、鹽適量

**做法**

**1** 紅甜椒洗淨，去蒂後切小丁粒；九層塔葉洗淨，甩
乾水分後切碎；馬芝瑞拉起司切碎丁。

**2** 將紅甜椒、九層塔葉放入大碗中，加入所有調味料
拌勻，靜置3～5分鐘至入味。

**3** 參照p.18「煮出好吃的義大利麵」，將義大利細麵
煮熟，泡入冷開水中，瀝乾水分。

**4** 將細麵放入做法**2**的大碗中拌勻，盛入盤中，撒上馬
芝瑞拉起司即成。

**tips**

芥末籽醬就是帶籽的法式芥末醬，顆粒狀的特殊口感，
很受大眾喜愛，在一般超市就能找到它。

玉米奶香焗麵

Part1
新手易學

香煎通心粉

難易度★☆☆

# 玉米奶香焗麵

玉米加牛奶的濃郁香甜滋味，
醬汁完美融入麵條，滋味無可取代。

難易度★☆☆

# 香煎通心粉

烹調成麵餅般的通心粉真特別，
加入彩色蔬菜更能挑起食慾。

**材料**
通心粉120克、玉米粒50克、青
豆50克、鮮奶約60c.c.、披薩起司
100克

**調味料**
白醬1/2杯、胡椒粉適量、鹽適量

**做法**

**1** 參照p.18「煮出好吃的義大利
麵」，將通心粉煮熟，泡入冷
水中，瀝乾水分。

**2** 青豆放入滾水中氽燙30秒鐘，
瀝乾水分；白醬做法參照p.15。

**3** 將白醬、鮮奶倒入鍋中，以小
火煮滾，加入玉米粒、青豆繼
續煮約1分鐘，加入胡椒粉、鹽
調味後盛入容器中。

**4** 耐烤碗中先放入通心粉，加入
做法**3**拌勻，表面均勻撒入披薩
起司，移入預熱好的烤箱，以
210℃烘烤約15分鐘即成。

**材料**
通心粉70克、冷凍三色蔬菜70
克、雞蛋1顆、起司粉適量

**調味料**
橄欖油適量、麵粉3大匙、鮮奶7
大匙、白酒1/2小匙、胡椒粉1/4小
匙、鹽適量

**做法**

**1** 參照p.18「煮出好吃的義大利
麵」，將通心粉煮熟，泡入
冷水中，瀝乾水分。

**2** 將通心粉放入容器中，加入
三色蔬菜、雞蛋和所有調味
料拌勻成麵糊狀。

**3** 鍋燒熱，倒入橄欖油燒熱，
倒入調好的麵糊，以中小火
兩面都煎熟，最後撒上起司
粉即成。

# 焗咖哩通心粉

混合咖哩、起司，漂亮的金黃色澤，
濃郁的焗烤料理，令人滿足。

Part1
新手易學

**材料**
通心粉100克、絞肉50克、洋蔥30克、冷凍三色蔬菜
80克、披薩起司80克、起司粉適量

**調味料**
橄欖油1大匙、咖哩粉1大匙、高湯3大匙、胡椒粉1/2
小匙、鹽適量

**做法**

1 參照p.18「煮出好吃的義大利麵」，將通心粉煮
熟，泡入冷水中，瀝乾水分。

2 洋蔥切丁；高湯做法參照p.17。

3 鍋燒熱，倒入橄欖油燒熱，先加入洋蔥、絞肉以小
火炒香，續入咖哩粉炒勻，再加入高湯、鹽和胡椒
粉略煮30秒鐘，放入通心粉、三色蔬菜拌勻。

4 將做法3盛入深的耐烤碗中，撒上披薩起司，移入
預熱好的烤箱，以200℃烘烤約15分鐘，小心取
出，趁熱撒上起司粉即成。

✐**tips**

1. 當絞肉和洋蔥稍微炒至表面略乾時，就可以撒入咖
哩粉一起炒，維持小火均勻翻炒，絞肉會更入味。

2. 起司粉必須在出爐後再撒於表面，才能保持香氣和
濃郁滋味。

焗烤南瓜貝殼麵

牛肉焗麵

# 焗烤南瓜貝殼麵

濃郁的牛奶中有天然南瓜香，
無肉義大利麵也能創造不同風味。

# 牛肉焗麵

少見的牛肉焗烤麵，
是我家餐桌的美味私房菜！

**材料**
貝殼麵100克、南瓜1/4個、披薩
起司100克、巴西里末適量、起司
粉適量

**調味料**
鮮奶60c.c.、鹽適量

**做法**
1 參照p.18「煮出好吃的義大利
麵」，將貝殼麵煮熟，泡入冷
水中，瀝乾水分。

2 南瓜洗淨後去皮，切小塊，放
入果汁機中，加入鮮奶攪打成
南瓜泥。

3 將做法2倒入鍋中，以小火煮
滾，放入貝殼麵、鹽拌勻。

4 耐烤碗中放入做法3，表面均勻
撒入披薩起司、巴西里末，移
入預熱好的烤箱，以210℃烘烤
約15分鐘，小心取出，趁熱撒
上起司粉即成。

**材料**
水管麵100克、牛肉200克、菠菜
50克、洋蔥30克、披薩起司100
克、起司粉適量

**調味料**
紅酒1大匙、黑胡椒粒1/2大匙、橄
欖油1大匙、紅醬4大匙、鹽適量

**做法**
1 參照p.18「煮出好吃的義大利
麵」，將水管麵煮熟，泡入冷
水中，瀝乾水分。

2 牛肉洗淨切小塊，以紅酒和黑
胡椒粒拌勻，醃約15分鐘；菠
菜洗淨，切小段；洋蔥切絲；
紅醬做法參照p.15。

3 鍋燒熱，倒入橄欖油燒熱，先
加入洋蔥以小火炒軟，續入牛
肉塊煎至半熟，加入菠菜、紅
醬和鹽炒勻，再加入水管麵拌
勻，盛入深的耐烤碗中。

4 表面平均撒上披薩起司，移入
預熱好的烤箱，以210℃烘烤約
15分鐘，小心取出，趁熱撒上
起司粉即成。

# 奶油菠菜焗麵

當菠菜遇上奶油和起司，

澀味消失，留下滿滿的營養和美味。

**材料**

通心粉100克、菠菜30克、胡蘿蔔80克、披薩起司適量

**調味料**

奶油1大匙、鹽適量、白胡椒少許、白醬4大匙、高湯少許

**做法**

1 參照p.18「煮出好吃的義大利麵」，將通心粉煮熟，泡入冷水中，瀝乾水分。

2 菠菜洗淨切段；胡蘿蔔洗淨，去皮切塊；白醬做法參照p.15；高湯做法參照p.17。

3 鍋燒熱，放入奶油燒融，先放入胡蘿蔔，以中火炒約1分鐘，續入菠菜稍微翻炒一下，以鹽和白胡椒調味後盛出。

4 將通心粉放入耐烤碗中，加入白醬、高湯和做法3拌勻，表面平均撒上披薩起司，移入預熱好的烤箱，以200℃烘烤約12分鐘即成。

**tips**

菠菜本身有些澀味，先稍微炒過、調味再烘烤，可以去除澀味。

# 五彩蔬菜千層麵

五顏六色的千層麵,
滿足味蕾且獲得視覺上的享受。

## 材料
千層麵6片、中型紅
蕃茄1/2顆、黃甜椒40
克、綠甜椒40克、黑
橄欖5粒、馬鈴薯250
克、披薩起司100克

## 調味料
奶油適量、鹽適量

## 做法

1 參照p.18「煮出好吃的義大利麵」,將千層麵
煮熟,瀝乾水分。

2 蕃茄、甜椒都去蒂,洗淨切末;黑橄欖切末。

3 馬鈴薯洗淨,放入滾水中煮至熟透,取出去
皮,放入鋼盆壓成泥狀,趁熱放入奶油、蕃
茄、甜椒、黑橄欖翻炒至熟透,加入鹽調味。

4 耐烤碗中依序分次加入做法3、做法1,疊好後
撒上披薩起司,移入預熱好的烤箱,以200℃
烘烤至起司表面呈金黃色即成。

 tips

做法4鋪放餡料的時候,每一層要厚薄適中,食材才
會均一熟透且成品美觀。

## 檸檬香菜醬義大利麵

## 水果冷麵

# 檸檬香菜醬義大利麵

檸檬香氣清爽迷人，特調冷麵促進食慾。

**材料**
義大利麵120克、香菜葉20克、檸檬皮絲適量

**調味料**
橄欖油1大匙、檸檬汁3大匙、胡椒粉1/2小匙、鹽適量

**做法**
1 參照p.18「煮出好吃的義大利麵」，將義大利麵煮熟，泡入冷開水中，瀝乾水分。

2 香菜葉洗淨切末，放入果汁機中，加入調味料打勻成醬汁。

3 將義大利麵盛入盤中，淋上香菜醬，撒上檸檬皮絲即成。

# 水果冷麵

冷麵條淋上酸爽果汁，
搭配水果丁，口感更棒！

**材料**
螺旋麵100克、蘋果1/4個、奇異果1/2個

**調味料**
橄欖油2大匙、柳橙汁約60c.c.

**做法**
1 參照p.18「煮出好吃的義大利麵」，將螺旋麵煮熟，泡入冷開水中，瀝乾水分。

2 蘋果洗淨，去核切丁；奇異果去皮切丁。

3 將所有材料都放入盤中。

4 將橄欖油、柳澄汁放入大碗中攪打均勻，淋在做法3上拌勻即成。

## Part2
# 經典不敗

不管是直麵條或是造型麵條，義大利麵深受各年齡階層的喜愛。這個單元中要介紹傳統且口味經典的義大利麵，都是餐廳必點菜色，怎麼也吃不膩的美食。學會靈活搭配紅醬、青醬和白醬，每個人家都是義式餐廳，隨時能自己享用或招待客人。

# 肉醬義大利麵

最經典風味的義大利麵，
自家享用、宴客料理都超有人氣！

Part2
經典不敗

**材料**
義大利麵120克、培根1片、洋蔥20克、巴西里末適量

**調味料**
橄欖油1大匙、肉醬3大匙、鹽適量

**做法**

1 參照p.18「煮出好吃的義大利麵」，將義大利麵煮熟，泡入冷水中，瀝乾水分。

2 培根切末；洋蔥切末；肉醬做法參照p.16。

3 鍋燒熱，倒入橄欖油燒熱，先加入培根、洋蔥以小火炒軟，續入義大利麵拌勻，加入鹽調味，盛入盤中。

4 淋上肉醬，撒上巴西里末即成。

✐ **tips**

也可以購買市售的肉醬罐頭製作這道經典料理。一般肉醬罐頭分成原味、辣味兩種，可依個人喜好變換口味。

Part2
經典不敗

# 奶油培根義大利麵

以寬麵取代常見的天使髮麵,
配上濃香的培根起司,享受經典美味。

**材料**

菠菜寬麵120克、培根4片、洋蔥30克、起司粉1小匙、巴西里末適量

**調味料**

橄欖油1大匙、白醬2大匙、鮮奶油1大匙、胡椒粉1/4小匙、鹽適量

**做法**

1 參照p.18「煮出好吃的義大利麵」,將菠菜寬麵煮熟,泡入冷水中,瀝乾水分。

2 培根切方片;洋蔥切末;白醬做法參照p.15。

3 鍋燒熱,倒入橄欖油燒熱,先加入培根、洋蔥以小火炒軟,續入白醬、鮮奶油,以小火略煮一下,等入味熟透後放入菠菜寬麵拌勻,加入胡椒粉、鹽調味,盛入盤中。

4 均勻撒上起司粉、巴西里末即成。

✏ **tips**

通常寬麵烹煮的時間,會比貝殼麵、通心粉、天使髮麵等花式麵類來得久,依品牌煮的時間略有不同,約8～10分鐘不等。

# 白酒蛤蜊義大利麵

餐廳裡的招牌義大利麵，

做法意想不到的簡單，新手也能做。

Part2
經典不敗

## 材料

義大利麵120克、蛤蜊
15粒、九層塔葉20克、
三色甜椒共40克、大蒜
2粒

## 調味料

橄欖油1大匙、白酒1大
匙、高湯2大匙、胡椒
粉適量、鹽適量

## 做法

**1** 參照p.18「煮出好吃的義大利麵」，將義大利麵
煮熟，泡入冷水中，瀝乾水分。

**2** 蛤蜊洗淨，泡水吐沙；甜椒去蒂，去籽後切片；
九層塔葉洗淨；大蒜切片。

**3** 高湯做法參照 p.17。

**4** 鍋燒熱，倒入橄欖油燒熱，先加入大蒜、三色甜
椒以小火炒香，續入蛤蜊、白酒和高湯，以中火
炒至蛤蜊殼打開，放入義大利麵拌勻，加入胡椒
粉、鹽調味，盛入盤中。

**5** 撒上九層塔葉略拌一下即成。

**tips**

義大利麵的常見做法有「拌炒」、「加醬直接拌」兩
種，直接拌會比較方便，但在口味上，比較不適合東
方人喜愛熱食的習慣。這道料理是以接受度較高的「
拌炒」烹調，大家不妨試試。

# 奶油蘆筍義大利麵

加入了高達起司和白醬，
讓這道料理口感更加濃郁。

## 材料
義大利寬麵120克、蘆筍120克、洋蔥20克、培根1片、高達起司（Gouda Cheese）40克、起司粉適量

## 調味料
橄欖油1大匙、白醬70c.c.、鮮奶30c.c.、鹽適量

## 做法
**1** 參照p.18「煮出好吃的義大利麵」，將義大利寬麵煮熟，泡入冷水中，瀝乾水分。

**2** 蘆筍洗淨，切段；培根切小片；洋蔥切末。

**3** 白醬做法參照p.15。

**4** 鍋燒熱，倒入橄欖油燒熱，先加入培根、洋蔥以小火炒香，續入蘆筍、高達起司、白醬和鮮奶炒熟，放入寬麵拌勻，加入鹽調味，撒上起司粉即成。

## ✈tips
1. 製作義大利麵時，可以選用的起司有很多種，用法上簡單分成「烹調時」、「烹調後」加入兩種。烹調時加入的起司，主要是增加濃稠的口感；烹調後加入，則以添加香氣為主。
2. 高達起司是荷蘭知名的起司，風味較溫和且淡，與蘆筍搭配加在義大利麵中，風味相輔相成。

青醬車輪麵

Part2
經典不敗

臘腸義大利麵

# 青醬車輪麵

以青醬為主調味醬料，
喜愛重口味歐風料理的人一定要吃。

**材料**
車輪麵120克、洋蔥20克

**調味料**
橄欖油1大匙、青醬2大匙、鹽適量

**做法**

**1** 參照p.18「煮出好吃的義大利麵」，將車輪麵煮熟，泡入冷開水中，瀝乾水分。

**2** 洋蔥切丁；青醬做法參照p.16。

**3** 鍋燒熱，倒入橄欖油燒熱，先加入洋蔥以小火炒軟，續入青醬、車輪麵拌勻，加入鹽調味即成。

# 臘腸義大利麵

加入道地的義式食材，
飄出陣陣濃厚的傳統美味。

**材料**
義大利麵120克、臘腸100克、洋蔥20克、大蒜2粒、綠橄欖2粒、起司粉適量

**調味料**
橄欖油1大匙、鹽適量

**做法**

**1** 參照p.18「煮出好吃的義大利麵」，將義大利麵煮熟，泡入冷開水中，瀝乾水分。

**2** 洋蔥切丁；臘腸、綠橄欖和大蒜都切片。

**3** 鍋燒熱，倒入橄欖油燒熱，先加入洋蔥、臘腸和大蒜以小火炒香，等臘腸略焦，加入綠橄欖略炒，放入義大利麵拌勻，加入鹽調味，最後撒上起司粉即成。

蒜香義大利麵

蕃茄通心粉

# 蒜香義大利麵

濃厚香氣的大蒜風味，
讓嗜吃重口味料理的人欲罷不能！

**材料**
天使髮麵120克、大蒜4粒、紅辣椒
1支、巴西里末20克、起司粉適量

**調味料**
蒜味橄欖油1大匙、高湯2大匙、鹽
適量

**做法**

1 參照p.18「煮出好吃的義大利
  麵」，將天使髮麵煮熟，泡入冷
  水中，瀝乾水分。

2 大蒜切片；蒜味橄欖油、高湯的
  做法都參照p.17。

3 鍋燒熱，倒入蒜味橄欖油燒熱，
  先加入大蒜、辣椒以小火炒香，
  續入高湯、天使髮麵和巴西里末
  拌勻，煮約30秒鐘，加入鹽調
  味，撒上起司粉即成。

# 蕃茄通心粉

烤蕃茄釋放天然酸甜味，
加上巴西里，難以言喻的好吃！

**材料**
通心粉150克、小蕃茄6顆、迷迭
香1/3小匙、巴西里末適量、橄欖
油少許

**調味料**
奶油1大匙、蕃茄醬2小匙、鮮奶油
1小匙

**做法**

1 小蕃茄洗淨，切塊，放入烤盤
  中，淋上少許橄欖油，撒上迷
  迭香，移入預熱好的烤箱，以
  250℃烘烤約3分鐘，取出。

2 通心粉放入滾水中煮至八分
  熟，瀝乾水分。

3 蕃茄醬、鮮奶油一起加入2大匙
  水調勻。

4 鍋中放入奶油燒融，先加入做
  法3，再加入做法2和做法1，拌
  炒至通心粉熟透，關火，撒上
  巴西里末拌勻即成。

# 白酒海鮮墨魚麵

黑色的墨魚麵不僅顏色吸睛，
獨特風味也讓人感到驚奇。

Part2
經典不敗

**材料**

墨魚麵120克、墨魚
80克、鮮蝦3尾、
雙色甜椒30克、洋
蔥20克、九層塔葉
適量

**調味料**

橄欖油1大匙、白酒
1匙、高湯2大匙、
胡椒粉1/4小匙、鹽
適量

**做法**

**1** 參照p.18「煮出好吃的義大利麵」，將墨魚麵煮熟，泡入冷水中，瀝乾水分。

**2** 墨魚洗淨，切圈狀；鮮蝦剝殼洗淨，挑除腸泥；甜椒去蒂，切丁；洋蔥切丁。

**3** 高湯做法參照p.17。

**4** 鍋燒熱，倒入橄欖油燒熱，先加入洋蔥以小火炒軟，續入甜椒、墨魚、鮮蝦和白酒，以中火炒熟，再加入高湯、墨魚麵略煮一下，等湯汁收乾後，加入胡椒粉、鹽調味，最後撒上九層塔葉拌勻即成。

**✎ tips**

墨魚麵條顏色黑黑的，在東方並不太討喜，但黑色正是它的最大特色。墨魚麵口感和風味都不錯，但最讓人頭痛的，大概就是黑色的麵條很難做出漂亮的菜色，以及吃完滿口黑色吧！

# 海鮮焗麵

大人、小孩都愛吃的焗烤料理，
依喜好加入不同海鮮，變化更多不同吃法。

Part2
經 典 不 敗

## 材料

通心粉100克、鮮蝦2
尾、花枝60克、蛤蜊8
粒、蟹腳肉50克、洋蔥
20克、九層塔葉適量、
披薩起司100克、起司
粉適量

## 調味料

橄欖油1大匙、白醬4大
匙、白酒1/2大匙、胡
椒粉1/4小匙、高湯適
量、鹽適量

## 做法

1 參照p.18「煮出好吃的義大利麵」，將通心粉煮
　熟，泡入冷水中，瀝乾水分。

2 鮮蝦剝殼洗淨，挑除腸泥；花枝洗淨，切圈狀。
　將除了蛤蜊之外的所有海鮮材料放入滾水中汆
　燙，撈出。

3 洋蔥切條；白醬做法參照p.15；高湯做法參照
　p.17。

4 鍋燒熱，倒入橄欖油燒熱，先加入洋蔥以小火炒
　軟，續入海鮮材料、九層塔葉、白酒和胡椒粉，
　以中火炒熟，再加入白醬、鹽、通心粉和高湯炒
　勻，盛入深的耐烤碗中。

5 撒上披薩起司，移入預熱好的烤箱，以200℃烘
　烤約10分鐘，取出趁熱撒上起司粉即成。

## ✈tips

海鮮材料不需汆燙過熟，以免焗烤後肉質太老，
影響口感。此外，白酒很適合搭配海鮮，為料理
增添風味。

蕃茄羅勒貝殼麵

蔬菜義大利麵

難易度 ★☆☆

# 蕃茄羅勒貝殼麵

蕃茄與羅勒，是最經典的搭配，
在家隨時都能享用這道經典料理！

Part2
經典不敗

## 材料
貝殼麵100克、罐頭去皮蕃茄3顆

## 調味料
橄欖油1大匙、羅勒末1小匙、高湯2大匙、鹽適量

## 做法

**1** 參照p.18「煮出好吃的義大利麵」，將貝殼麵煮熟，泡入冷水中，瀝乾水分。

**2** 如使用新鮮蕃茄製作，簡易蕃茄去皮法可參照p.19，然後切片。

**3** 高湯做法參照p.17。

**4** 鍋燒熱，倒入橄欖油燒熱，先加入去皮蕃茄以小火略煎30秒鐘，加入貝殼麵、羅勒末炒勻，再加入高湯、鹽續炒30秒鐘即成。

## ✎tips

風味上，新鮮蕃茄的味道比較清新，去皮蕃茄的味道則比較熟成。視覺上，罐頭的去皮蕃茄已經加工處理過，所以煮一下就會化掉，可以為醬汁風味加分，但卻吃不到蕃茄的口感，新鮮蕃茄則可以保持較好的形狀。不過，只要將去皮蕃茄切稍微大片，縮短烹調的時間，多少能解決蕃茄口感的問題。

# 蔬菜義大利麵

豐富的蔬菜、起司配料，
吃膩海鮮、肉類時，換換口味！

## 材料

義大利麵150克、蘆筍4支、白花椰菜50克、綠花椰菜50克、鮮香菇2朵、紅甜椒1/3個、黃甜椒1/4個、起司粉適量

## 調味料

橄欖油1大匙、鹽適量、白胡椒粉少許

## 做法

1 蘆筍洗淨，切段；白花椰菜、綠花椰菜洗淨，切小朵；鮮香菇洗淨，切片；紅、黃甜椒洗淨，去蒂和籽後切塊。

2 義大利麵放入滾水中煮至七分熟，瀝乾水分。

3 鍋燒熱，倒入橄欖油燒熱，先加入香菇以小火炒出香味，加入其他蔬菜炒約30秒鐘，倒入1/3杯水煮滾，加入鹽、白胡椒粉調味。

4 最後加入義大利麵拌炒至湯汁略微收乾，關火，撒上起司粉拌勻即成。

### ✈tips

國產蘆筍價格便宜又好吃，挑選時，可選擇外觀翠綠、有光澤，以及切口飽含水分、筍尖緊密不開叉的蘆筍。

生菜沙拉義大利麵

Part2
經典不敗

蕃茄油醋義大利麵

# 生菜沙拉義大利麵

豐富的營養如同所呈現的繽紛色彩，
令人目不暇給。

# 蕃茄油醋義大利麵

油亮鮮豔的蕃茄和新鮮芳香的迷迭香，
是義大利麵最誘人的點綴。

**材料**

花邊通心粉100克、蘿蔓生菜3片、
小蕃茄6顆、茴香葉少許、紫生菜
少許

**調味料**

橄欖油2大匙、義大利綜合香料1/3小
匙、鹽適量

**做法**

1 參照p.18「煮出好吃的義大利
麵」，將花邊通心粉煮熟，泡入
冷開水中，瀝乾水分。

2 所有蔬菜材料分別洗淨，再以冷
開水沖洗一次，瀝乾水分。蘿蔓
生菜撕成小片；小蕃茄對切；茴
香葉切成小段；紫生菜切絲。

3 將做法2放入大碗中，加入所有
調味料拌勻，然後靜置約5分鐘
至入味。

4 最後加入通心粉拌勻即成。

**材料**

花邊通心粉100克、小蕃茄80克、
新鮮迷迭香2支

**調味料**

橄欖油2大匙、白酒醋1小匙、檸檬
汁1/2小匙

**做法**

1 參照p.18「煮出好吃的義大利
麵」，將花邊通心粉煮熟，泡
入冷開水中，瀝乾水分。

2 小蕃茄洗淨，瀝乾水分後對
切；新鮮迷迭香洗淨，甩乾水
分，以手稍微搓揉葉片後摘下
葉片。

3 將小蕃茄、迷迭香和所有調味
料放入大碗中拌勻，靜置5分鐘
至入味。

4 最後加入通心粉拌勻即成。

難易度 ★☆☆

# 鮭魚紅醬義大利麵

一改以往魚肉口味清淡的限制，
連醬汁都布滿煎鮭魚的濃濃香氣。

Part2
經典不敗

## 材料

義大利細麵120
克、鮭魚80克、牛
蕃茄1/3顆、洋蔥
20克、新鮮迷迭香
1支

## 調味料

橄欖油1大匙、紅
醬2大匙、高湯3大
匙、酸黃瓜醬2大
匙、鹽適量

## 做法

**1** 參照p.18「煮出好吃的義大利麵」，將義大利細
麵煮熟，泡入冷水中，瀝乾水分。

**2** 鮭魚洗淨擦乾，切成2片薄片，放入油鍋，以油煎
至熟透且表面略乾，取1片壓碎。

**3** 牛蕃茄切丁；洋蔥去皮後切碎；紅醬做法參照
p.15；高湯做法參照p.17。

**4** 鍋燒熱，倒入橄欖油燒熱，先加入牛蕃茄、洋蔥
以小火炒香，續入紅醬、高湯煮勻，再加入鮭魚
碎、酸黃瓜醬和鹽拌勻，略煮一下，然後加入麵
條拌煮至湯汁略收乾。

**5** 將麵條夾入盤中，淋上鍋中醬汁，最後放上鮭魚
片、迷迭香即成。

### ✒tips

1. 煎鮭魚時，先以大火將表面煎熟，再改小火煎出
香味，以免鮭魚口感太乾硬，而且香氣也能盡量
釋放出來。

2. 取部分煎好的鮭魚壓碎，與醬汁材料一起熬煮，
就能簡單提升醬汁的鮮美滋味，同時品嘗到鮭魚
不同的口感。

# 和風魚卵義大利麵

品嘗新鮮魚卵淡淡的鹹鮮味，
盡情享受海味風情。

Part2
經典不敗

**材料**

茉莉義大利直麵100克、明太子1條、西洋芹
20克、紅甜椒20克、海苔絲適量

**調味料**

美乃滋醬2大匙、鹽少許

**做法**

1 參照p.18「煮出好吃的義大利麵」，將義
大利麵煮熟，泡入冷開水中，瀝乾水分。

2 西洋芹、紅甜椒切小丁粒。

3 明太子撕去外膜，放入碗中稍微攪散，再
加入西洋芹、紅甜椒、鹽和美乃滋醬，攪
拌至醬汁顏色均勻

4 放入義大利麵拌勻，盛入盤中，最後撒上
海苔絲即成。

✎ **tips**

茉莉義大利麵是嚴選世界上最好的杜蘭小麥，搭配義大利
南部高山海拔2000公尺，純淨認證的Molise高山冷泉揉製
麵，製成無與倫比的義大利麵。烹調後口感佳，製作傳統
義大利麵食或冷麵，都很可口。

難易度 ★★☆

# 醋香蘆筍義大利麵

以現成的美味醬料搭配好食材，
料理變得簡單又精緻。

Part2
經典不敗

**材料**
義大利細麵100克、
大隻蟹肉5條、蘆筍
100克

**調味料**
市售義式香醋沙拉
醬3大匙

**做法**

1 蘆筍切除底部較硬的莖。

2 蟹肉、蘆筍一起放入滾水中，燙煮約3分鐘至熟，
撈出放入大碗中，加入義式香醋沙拉醬拌勻，靜
置約5分鐘至入味。

3 取出蟹肉、蘆筍排入盤中，醬汁先留在碗中不要
倒掉。

4 參照p.18「煮出好吃的義大利麵」，將義大利細
麵煮熟，泡入冷開水中，瀝乾水分，立刻放入做
法3醬汁碗中拌勻。

5 拌勻後將麵條夾入蘆筍和蟹肉盤中，最後淋入剩
下的醬汁即成。

tips

義式香醋沙拉醬是調配好的現成瓶裝沙拉醬，在義大
利麵專門店或百貨公司超市裡都買得到，雖然在一般
超市不容易看見，但價格並不昂貴，味道也非常濃郁
有特色，靈活運用這類市售醬汁，不但方便烹調，味
道也更多變化。

# 焗麵餅

簡單變化義大利麵的吃法，
焗烤料理吃得更飽足。

Part2
經典不敗

## 材料

義大利麵100克、洋蔥20克、紅甜椒20克、黃甜椒20克、酸黃瓜少許、披薩起司30克、起司粉少許、巴西里末少許

## 調味料

奶油1大匙、白酒1小匙、白胡椒粉少許、蕃茄醬2大匙、鹽適量

## 做法

**1** 洋蔥切末；紅甜椒、黃甜椒洗淨，去籽後切碎丁；酸黃瓜切碎丁。

**2** 鍋燒熱，倒入奶油燒融，先加入洋蔥以小火炒軟，續入紅甜椒、黃甜椒和酸黃瓜，淋入白酒，以鹽和胡椒粉調味。

**3** 參照p.18「煮出好吃的義大利麵」，將義大利煮熟，瀝乾水分，捲成圓餅狀，放入烤盤中，淋上適量做法**2**，撒上披薩起司，移入預熱好的烤箱，以220℃烘烤約8分鐘，淋上蕃茄醬，撒上起司粉和巴西里末即成。

## ✈ tips

這裡可以改用紅醬（做法參照p.15）取代蕃茄醬烹調。

# 肉醬千層麵

一層層義大利麵夾著肉醬，
濃郁的肉汁令人滿足。

**材料**
千層麵100克、披薩起司100克、巴西里末適量、起司
粉適量

**調味料**
肉醬5大匙

**做法**

1 參照p.18「煮出好吃的義大利麵」，將千層麵煮
  熟，泡入冷水中，瀝乾水分。

2 肉醬做法參照p.16。

3 在深的耐烤碗中依序填入千層麵與肉醬，頂層均勻
  撒上披薩起司、巴西里末。

4 移入預熱好的烤箱，以200℃烘烤10～15分鐘，至
  起司表面呈金黃色，然後趁熱撒上起司粉即成。

🛩 **tips**

這是最簡單的千層麵做法，尤其買現成肉醬來做的話，
幾乎不可能失敗，不過要注意肉醬的鹹度，不要因為貪
圖美味就放太多。鋪肉醬時，可以薄一點，讓層次多一
點，也不會太鹹。因為材料已經是熟的，焗烤時，只要
起司烤到滿意的程度即可。

蕃茄肉片千層麵

肉醬什蔬千層麵捲

# 蕃茄肉片千層麵

如同堆積木般,

輕輕地把蕃茄、肉片和千層麵層層疊起……

Part2
經典不敗

## 材料
千層麵2～3片、牛蕃茄1顆、豬肉片3片、起司粉少許

## 調味料
市售肉醬3大匙、橄欖油1大匙、鹽少許

## 做法

**1** 參照p.18「煮出好吃的義大利麵」,將千層麵煮熟,瀝乾水分,分切成數片小方片。

**2** 牛蕃茄去蒂,切厚片;豬肉片抹上少許鹽。

**3** 鍋燒熱,倒入橄欖油燒熱,先加入豬肉片以中火煎熟,續入肉醬繼續煮約30秒鐘後盛出。

**4** 依序將千層麵、蕃茄厚片和豬肉片間隔疊入盤中,淋上煎豬肉片的醬汁,最後撒上起司粉即成。

### ✈tips

1. 千層麵不再只有一種做法,你也可以將麵皮剪成小方片,還可以拿壓模製作各種造型的小麵片,再搭配肉醬、配料,一疊麵皮就是一人份,非常方便。

2. 也可以參照p.16製作肉醬。

# 肉醬什蔬千層麵捲

千層麵可以變化出多種吃法，

不想疊起來吃時，試試捲起來品嘗吧！

**材料**

千層麵2片、洋蔥30克、紅甜椒50克、牛蕃茄1/2顆、西洋芹1支、胡蘿蔔50克、披薩起司適量、巴西里末少許

**調味料**

橄欖油1大匙、鹽適量、白胡椒少許、市售肉醬4大匙

**做法**

1 參照p.18「煮出好吃的義大利麵」，將千層麵煮熟，泡入冷水中，瀝乾水分。

2 洋蔥、胡蘿蔔均去皮，洗淨；西洋芹撕除老筋；紅甜椒去蒂和籽；牛蕃茄去蒂。所有材料都切末。

3 鍋燒熱，倒入橄欖油燒熱，加入做法2炒熟，以鹽和白胡椒調味後盛出，瀝乾油分。

4 將千層麵攤開，各放入適量做法3包捲起來，放入耐烤碗中。

5 剩餘的做法3加入肉醬拌勻，淋在麵捲上，撒上披薩起司，移入預熱好的烤箱，以200℃烘烤12分鐘，取出撒上巴西里末即成。

**tips**

肉醬可以搭配各種蔬菜、麵條，不論淋、拌或是煮、烤，都可以讓味道馬上變得濃郁，就算只是簡單的蔬菜、單純的馬鈴薯，滋味都會很棒，但要記得適量加入，以免喧賓奪主，搶了其他食材的風味。

# Part3
# 人氣流行

義大利麵的造型千變萬化,在這個單元中,要介紹不同的義大利麵搭配各種食材和醬汁烹調的料理。不管是熱炒麵、冷拌麵、湯麵等,都可依個人喜好烹調。不一定要拘泥於傳統配方,愛吃什麼就加什麼!

海鮮蕃茄義大利麵

辣味通心粉

# 海鮮蕃茄義大利麵

豐盛的海鮮與酸甜的紅醬，
準備可口的一餐來犒賞自己。

**Part3**
人氣流行

## 材料

天使髮麵120克、
蝦仁3尾、墨魚80
克、蛤蜊6粒、蟹
腳肉40克.、小型
紅蕃茄3顆、洋蔥
20克、九層塔葉
適量

## 調味料

橄欖油1大匙、白
酒2大匙、紅醬1
大匙、胡椒粉1/4
小匙、鹽適量、檸
檬汁少許

## 做法

1 參照p.18「煮出好吃的義大利麵」，將天使髮麵煮
熟，泡入冷水中，瀝乾水分。

2 墨魚切小片；蕃茄去蒂，切塊；洋蔥切丁。

3 紅醬做法參照p.15。

4 鍋燒熱，倒入橄欖油燒熱，先加入洋蔥以小火炒
軟，續入蝦仁、墨魚、蛤蜊、蟹腳肉和蕃茄，依序
倒入白酒、紅醬、胡椒粉和鹽翻炒至入味。

5 加入天使髮麵略炒一下，淋入少許檸檬汁，撒入九
層塔葉拌勻即成。

難易度 ★☆☆

# 辣味通心粉

蕃茄、酸豆與紅辣椒風味完美結合，
當作家常菜、宴客料理都很合適。

**材料**
通心粉120克、去皮
蕃茄1顆、蘑菇3朵、
酸豆40克、培根1
片、紅辣椒1/2支、起
司粉適量

**調味料**
橄欖油1大匙、紅醬3
大匙、高湯2大匙、
鹽適量

**做法**

1 參照p.18「煮出好吃的義大利麵」，將通心粉煮
熟，泡入冷水中，瀝乾水分。

2 去皮蕃茄切碎；蘑菇切片；培根切片；紅辣椒
切段。

3 紅醬做法參照p.15；高湯做法參照p.17。

4 鍋燒熱，倒入橄欖油燒熱，先加入培根、紅辣
椒以小火炒香，續入去皮蕃茄、蘑菇、酸豆、
紅醬和高湯，以小火略煮一下。

5 等煮至入味後，放入通心粉拌勻，加入鹽調
味，撒上起司粉即成。

# 蕃茄雞肉麵

蔬菜和雞胸肉與紅醬的組合，
不愛吃蔬菜的人也會一吃就愛上！

**Part3**
人氣流行

## 材料

義大利麵120克、雞
胸肉100克、中型
紅蕃茄4顆、三色甜
椒共30克、洋蔥20
克、培根1/2片

## 調味料

橄欖油1大匙、紅
醬2大匙、高湯2大
匙、胡椒粉1/4小
匙、鹽適量

## 做法

**1** 參照p.18「煮出好吃的義大利麵」，將義大利麵
煮熟，泡入冷水中，瀝乾水分。

**2** 雞胸肉切條；蕃茄去蒂，切片；三色甜椒去蒂，
切小丁粒；洋蔥切丁；培根切小片。

**3** 紅醬做法參照p.15；高湯做法參照p.17。

**4** 鍋燒熱，倒入橄欖油燒熱，先加入培根、洋蔥以
小火炒軟，續入雞胸肉煎熟後挾出。

**5** 原鍋繼續加入蕃茄、甜椒、紅醬和高湯略炒一
下，等熟後，放入義大利麵拌勻。

**6** 加入胡椒粉、鹽調味，盛入盤中，放上煎熟的雞
胸肉即成。

### tips

如果覺得雞胸肉口感較澀、無味，可試著把雞胸肉加
在這道紅醬中，肉吸收醬汁後多汁，更好入口。

奶油蝦仁貝殼麵

Part3
人氣流行

蘑菇培根車輪麵

# 奶油蝦仁貝殼麵

清脆的蔬菜、蝦仁沾裹著白醬，
最佳搭配，絕對要嘗試。

**材料**
貝殼麵120克、蝦仁80克、洋蔥20
克、青椒30克、紅辣椒1支、巴西
里末適量

**調味料**
橄欖油1大匙、白醬3大匙、鮮奶油1
大匙、胡椒粉1/4小匙、鹽適量

**做法**

**1** 參照p.18「煮出好吃的義大利
麵」，將貝殼麵煮熟，泡入冷
水，瀝乾水分。

**2** 蝦仁挑除腸泥；洋蔥切丁；青
椒、紅辣椒去蒂，切片；白醬做
法參照p.15。

**3** 鍋燒熱，倒入橄欖油燒熱，先加
入洋蔥、紅辣椒以小火炒香，續
入青椒、蝦仁、白醬和鮮奶油煮
熟，放入貝殼麵拌勻，最後加入
胡椒粉、鹽調味，撒上巴西里末
即成。

# 蘑菇培根車輪麵

車輪麵可愛的外型，
一躍而成餐桌上的最佳主角。

**材料**
車輪麵120克、蘑菇50克、培根2
片、大蒜2粒、巴西里末適量、九
層塔葉適量

**調味料**
橄欖油1大匙、白醬1大匙、鮮奶油
1大匙、胡椒粉1/4小匙、鹽適量

**做法**

**1** 參照p.18「煮出好吃的義大利
麵」，將車輪麵煮熟，泡入冷
水中，瀝乾水分。

**2** 蘑菇、培根和大蒜都切片；白
醬做法參照p.15。

**3** 鍋燒熱，倒入橄欖油燒熱，先
加入大蒜、培根以小火炒香，
續入蘑菇、白醬和鮮奶油煮
熟，放入車輪麵、巴西里末
拌勻，最後加入胡椒粉、鹽調
味，撒上九層塔葉即成。

# 茄汁鮮蝦蘑菇麵

當紅醬遇上鮮奶，

給不愛酸料理的人的新選擇。

Part3

人 氣 流 行

## 材料
S形麵120克、鮮蝦3～5尾、蘑菇3朵、中型紅蕃茄1/4顆、洋蔥20克、新鮮巴西里適量

## 調味料
橄欖油1大匙、紅醬2大匙、鮮奶1大匙、黑胡椒粒1/4小匙、鹽適量

## 做法

**1** 參照p.18「煮出好吃的義大利麵」，將S形麵煮熟，泡入冷水中，瀝乾水分。

**2** 鮮蝦挑除腸泥；蘑菇切小塊；蕃茄去蒂，切小塊；洋蔥切丁。

**3** 紅醬做法參照p.15。

**4** 鍋燒熱，倒入橄欖油燒熱，先加入洋蔥、蕃茄、蘑菇以小火炒軟，續入鮮蝦略炒一下，再加入紅醬、鮮奶煮勻。

**5** 放入S形麵拌勻，最後加入黑胡椒粒、鹽調味，放上巴西里即成。

## tips
海鮮食材的義大利麵最受大眾的喜愛，可以用花枝、干貝、墨魚等取代鮮蝦，只要食材新鮮，一定美味。

# 奶油蟹肉貝殼麵

鮮綠的花椰菜，

最適合沾一口濃郁奶香的奶油醬汁食用。

**材料**

貝殼麵100克、蟹腳肉80克、綠花椰菜60克、洋蔥20克、紅辣椒1/2支、起司粉適量

**調味料**

橄欖油1大匙、鮮奶油2大匙、鮮奶3大匙、胡椒粉1/2小匙、鹽適量

**做法**

1 參照p.18「煮出好吃的義大利麵」，將貝殼麵煮熟，泡入冷水中，瀝乾水分。

2 蟹腳肉洗淨；綠花椰菜洗淨，切小朵；紅辣椒去蒂，切片。

3 鍋燒熱，倒入橄欖油燒熱，先加入洋蔥、紅辣椒以小火炒軟，續入蟹腳肉、綠花椰菜炒，等炒熟後再加入鮮奶油、鮮奶煮至入味。

4 放入貝殼麵拌勻，最後加入胡椒粉、鹽調味，撒上起司粉即成。

✎**tips**

綠花椰菜比較容易煮熟，所以不要太早加入煮，以免煮得太軟爛、口感不佳。

# 茄汁菲力麵

肉質鮮嫩的菲力牛肉搭配義大利麵，
獨特的吃法，只有在家才能享用得到。

**材料**

義大利寬麵120克、
去皮蕃茄2顆、洋蔥20
克、菲力牛排肉150克

**調味料**

紅酒1大匙、黑胡椒粒
1/4小匙、奶油1大匙、
橄欖油1大匙、紅醬3大
匙、高湯2大匙、鹽適
量

**做法**

**1** 參照p.18「煮出好吃的義大利麵」，將義大利寬
麵煮熟，泡入冷水中，瀝乾水分，盛入盤中。

**2** 去皮蕃茄切塊；洋蔥切丁；紅醬做法參照p.15；
高湯做法參照p.17。

**3** 菲力牛排肉切塊，以紅酒、黑胡椒粒醃約1小
時，再放入鍋中以奶油煎熟。

**4** 鍋燒熱，倒入橄欖油燒熱，先加入洋蔥以小火炒
軟，續入去皮蕃茄、紅醬和高湯，以小火煮至入
味，加入鹽調味。

**5** 將做法**4**淋在做法**1**上面，放上煎好的牛排肉即
成。

**✎tips**

西式的醃肉法在原理上與中式最大的差異，在於沒有
太多額外的調味，只以紅酒、黑胡椒去除肉腥味，他
們認為這樣才能充分保持肉的原味，再以奶油煎出肉
本身的香氣。紅酒的酸澀在醃肉時，可增加肉質的嫩
度，同時也能增加色澤。

起司巴西里義大利麵

奶油起司寬麵

難易度 ★☆☆

# 起司巴西里義大利麵

加入重口味的帕馬森起司粉，

獨特的濃郁香氣，更能吸引喜歡吃起司的人。

**Part3**
人 氣 流 行

## 材料
三色義大利麵120克、巴
西里末30克、帕瑪森起
司粉（Parmesan Cheese）
適量

## 調味料
奶油1大匙、鹽適量

## 做法

**1** 參照p.18「煮出好吃的義大利麵」，將三色義大利麵煮熟，泡入冷水中，瀝乾水分。

**2** 鍋燒熱，倒入奶油燒熱，先加入巴西里末以小火炒香，放入三色義大利麵拌勻。

**3** 加入鹽調味，關火，撒上帕瑪森起司粉拌勻即成。

**tips**
帕瑪森起司粉在最後才加入，可以增添香氣。
如果很喜歡吃起司，不妨在烹調時加入，更能
品嘗濃厚的口感。

# 奶油起司寬麵

利用融化的起司片，
讓醬汁變得更香濃滑順。

**材料**

義大利寬麵120克、
蘑菇2粒、綠花椰菜
50克、洋蔥20克、
起司片2片、培根碎
適量

**調味料**

奶油1大匙、白醬1
大匙、高湯3大匙、
鹽適量

**做法**

1 參照p.18「煮出好吃的義大利麵」，將義大利寬麵
 煮熟，泡入冷水中，瀝乾水分。

2 蘑菇切片；綠花椰菜去硬皮，切小朵；洋蔥去皮，
 切碎。

3 白醬做法參照p.15；高湯做法參照p.17。

4 鍋燒熱，放入奶油以小火燒融，先加入洋蔥、蘑菇
 以小火略炒一下，續入綠花椰菜炒熟，再加入白醬
 和高湯煮勻。

5 放入起司片繼續煮至完全融化，再放入義大利麵拌
 勻，以鹽調味，撒上培根碎即成。

難易度 ★★☆

# 辣味蕃茄捲捲麵

香辣的蕃茄醬汁裹得捲捲麵紅通通，
非常夠味又討喜啊！

Part3
人氣流行

**材料**
捲捲麵100克、洋蔥
20克、牛蕃茄1顆、
黑橄欖3粒、巴西里
少許

**調味料**
橄欖油1大匙、紅
醬5大匙、高湯3
大匙、塔巴斯可
醬（Tabasco）1小
匙、鹽少許

**做法**

1 參照p.18「煮出好吃的義大利麵」，將捲捲麵煮熟，泡入冷水中，瀝乾水分。

2 牛蕃茄去蒂，切片；黑橄欖切片；洋蔥去皮，切末；巴西里切小朵。

3 紅醬做法參照p.15；高湯做法參照p.17。

4 鍋燒熱，倒入橄欖油燒熱，先加入洋蔥以最小火炒約1分鐘，續入牛蕃茄炒至軟，再加入紅醬、高湯、塔巴斯可醬、鹽和黑橄欖煮滾。

5 放入捲捲麵拌勻，最後撒上巴西里即成。

## tips

想讓義大利麵擁有香辣的風味，可以添加新鮮的紅辣椒，或是利用辣味調味料，如辣椒粉、辣椒醬、辣椒油。如果希望味道層次豐富一點，可選擇辣椒醬；想要味道單純一點，就選擇泡過辣椒的辣椒油，都能使辣味均勻融入醬汁中。

# 堅果風味義大利麵

堅果的香氣與口感，
為義大利麵營造出不同的氛圍。

Part3
人 氣 流 行

**材料**
辮子麵100克、熟核桃2大匙、熟杏仁1大
匙、南瓜籽1小匙、葡萄乾1小匙、蔓越莓乾
1小匙

**調味料**
蜂蜜1大匙、沙拉醬3大匙、巴西里末少許

**做法**

**1** 參照p.18「煮出好吃的義大利麵」，將辮
子麵煮熟，泡入冷開水中，瀝乾水分。

**2** 將熟核桃、熟杏仁、南瓜籽放入塑膠袋中
敲碎；葡萄乾、蔓越莓乾以冷開水泡軟，
瀝乾水分。

**3** 將所有調味料放入容器中拌勻，加入辮子
麵拌勻，分次撒入做法**2**再次拌勻即成。

## tips

除了堅果、乾果類之外，家裡現成的新鮮蔬
菜、水果，也可以酌量隨意搭配。

Part3
人 氣 流 行

# 夏威夷風義大利麵

火腿與鳳梨的組合，

濃郁的風味中又不失清爽！

## 材料

筆尖麵100克、方形
厚片火腿3片、罐頭
鳳梨3片、蘿蔓生菜
2片

## 調味料

橄欖油1大匙、鹽
適量、黑胡椒粒少
許、罐頭鳳梨汁2大
匙

## 做法

**1** 蘿蔓生菜撕成小片；鳳梨片切成一口大小。

**2** 鍋燒熱，倒入少許橄欖油燒熱，先加入火腿片以
小火略煎至熟，盛出分切成小三角塊，放入大碗
中，加入生菜、鳳梨片和其他調味料拌勻，然後
靜置3～5分鐘至入味。

**3** 參照p.18「煮出好吃的義大利麵」，將筆尖麵煮
熟，泡入冷開水中，瀝乾水分，放入做法**2**中拌
勻即成。

## tips

正統的義大利冷麵大多直接以大量橄欖油、香料混合
入味後，再加入麵條，對沒有吃慣的人來說，可能會
因為過多的橄欖油而卻步。其實優質橄欖油風味清
香，口感也不會油膩。這一道特別以鳳梨汁和橄欖油
混合成醬汁，不用擔心吃進太多油分。

# 蒜香冷拌義大利麵

不論是冷食或熱食義大利麵，
大蒜的風味都能搭配得恰如其分。

Part3
人氣流行

**材料**
螺旋麵100克、大蒜碎1大匙、培根1片、新鮮
巴西里適量

**調味料**
橄欖油2大匙、胡椒粉少許、鹽適量

**做法**

**1** 培根放入鍋中，不用加油，煎至略乾，取出切
成碎末；新鮮巴西里洗淨，甩乾水分，切碎。

**2** 將培根、巴西里放入大碗中，加入大蒜碎和所
有調味料拌勻，靜置3分鐘至入味。

**3** 參照p.18「煮出好吃的義大利麵」，將螺旋麵
煮熟，泡入冷開水中，瀝乾水分。

**4** 將螺旋麵放入做法**2**中拌勻即成。

**tips**

市面上可以買到現成的培根碎，省去煎和切的時
間，使用起來更方便，不過在香味上，自然比現
做的稍嫌遜色一些。

檸檬蛋汁義大利麵

酸辣鮪魚義大利麵

# 檸檬蛋汁義大利麵

麵條沾裹檸檬蛋黃醬汁，
料理更顯得金黃誘人！

Part3
人 氣 流 行

## 材料

義大利細麵100克、
綠花椰菜50克、黃
甜椒30克、紅甜椒
30克、蛋黃1顆、檸
檬皮屑少許

## 調味料

檸檬汁2小匙、不甜
的沙拉醬2小匙、橄
欖油1小匙、鹽適量

## 做法

**1** 綠花椰菜切小朵；黃甜椒、紅甜椒去籽，切小塊。

**2** 將做法**1**放入滾水中汆燙約40秒鐘，瀝乾水分，然後放涼。

**3** 將蛋黃液打入碗中，加入沙拉醬、橄欖油拌勻，分次加入檸檬汁、檸檬皮屑和鹽拌勻，最後加入綠花椰菜、黃甜椒和紅甜椒略拌一下。

**4** 參照p.18「煮出好吃的義大利麵」，將義大利細麵煮熟，泡入冷開水中，瀝乾水分，放入做法**3**的大碗中，翻拌至醬汁吸收，盛入盤中即成。

# 酸辣鮪魚義大利麵

別小看罐頭鮪魚的美味，
搭配義大利麵好吃得沒話說！

**材料**
義大利細麵100克、
小罐罐頭鮪魚肉1
罐、檸檬皮屑適量、
小型紅蕃茄2顆

**調味料**
塔巴斯可醬（Tabasco）
1小匙、檸檬汁少許、
白酒醋1/2小匙、義大
利綜合香料1/3小匙、
胡椒粉少許

**做法**

**1** 取出罐頭鮪魚肉稍微壓成小塊，罐內的湯汁留下，不要丟掉。

**2** 將所有調味料放入大碗中，加入做法**1**（含湯汁）輕輕拌勻。

**3** 參照p.18「煮出好吃的義大利麵」，將義大利細麵煮熟，泡入冷開水中，瀝乾水分，放入做法**2**的大碗中拌勻。

**4** 夾出麵條放入盤中，淋上剩餘的鮪魚肉和醬汁，最後搭配小蕃茄，撒入檸檬皮屑即成。

# 焗烤千層麵

千層麵與炒料的完美組合，
濃郁的起司香氣充滿整個廚房！

Part3
人氣流行

## 材料
千層麵100克、披薩起司80克、馬鈴薯泥60克、洋蔥20克、紅甜椒20克、黃甜椒20克、蘑菇2朵、披薩起司80克、起司粉少許、巴西里末少許

## 調味料
奶油1大匙、紅醬3大匙、鹽適量、白胡椒粉適量

## 做法
1 洋蔥切末；紅甜椒、黃甜椒洗淨後去籽，切碎丁；蘑菇洗淨，切碎丁；紅醬做法參照p.15。

2 鍋燒熱，倒入奶油燒融，先加入洋蔥以小火炒軟，續入紅甜椒、黃甜椒和蘑菇炒熟，最後加入紅醬、馬鈴薯泥與少許水炒勻，以鹽、白胡椒粉調味，先盛出。

3 參照p.18「煮出好吃的義大利麵」，將千層麵煮熟，瀝乾水分，切成適合放入耐烤碗的大小。

4 將切好的千層麵和炒好的做法2，依序分層疊入耐烤碗中，撒上披薩起司，移入預熱好的烤箱，以220℃烘烤10分鐘，取出，趁熱撒上起司粉、巴西里末即成。

## tips
這道料理除了使用千層麵製作，也可以使用水餃皮，搭配起司焗烤，一樣濃郁美味。

# 蛋香雞絲捲捲麵

酸黃瓜醬勾勒出雞肉的鮮嫩，
蛋黃碎點綴出圓潤的口感。

**Part3**
**人 氣 流 行**

**材料**
捲捲麵100克、熟雞胸肉80克、紅辣椒少
許、熟蛋黃1顆

**調味料**
橄欖油1大匙、酸黃瓜醬3大匙、紅椒粉1/4
小匙、鹽適量

**做法**

**1** 熟雞胸肉撕成粗絲；熟蛋黃壓碎；紅辣椒
切片。

**2** 將雞胸肉放入大碗中，加入熟蛋黃、紅辣
椒、所有調味料充分拌勻，靜置約5分鐘
至入味。

**3** 參照p.18「煮出好吃的義大利麵」，將捲
捲麵煮熟，泡入冷開水中，瀝乾水分，放
入做法**2**的大碗中拌勻。

**tips**
酸黃瓜醬的口味每家廠牌略有不同，有的強調
酸味，有的會帶些甜味，也有的接近小黃瓜原
味，只帶淡淡的酸味。建議食用前最好先試一
下味道，再酌量增減用量。

# 什錦菇胡椒義大利麵

散發陣陣菇類與香草的香氣，
冷麵也能讓人吃得大大滿足。

Part3
人氣流行

## 材料
義大利細麵100克、
蘑菇4朵、鮮香菇2
朵、鴻禧菇適量、
新鮮百里香6支

## 調味料
橄欖油4大匙、黑胡
椒1/3小匙、鹽適量

## 做法

1 三種菇類切除較硬的部分，以沾濕的紙巾稍微擦
拭乾淨，切成片或撕成小朵。

2 將做法1放入乾鍋中，以小火慢慢煎至散出香
氣，盛出放入深碗中。

3 新鮮百里香洗淨，甩乾水分後取下葉片，放入做
法2中，加入橄欖油、黑胡椒和鹽拌勻，然後靜
置5～10分鐘至入味。

4 參照p.18「煮出好吃的義大利麵」，將義大利細
麵煮熟，泡入冷開水中，瀝乾水分，盛入盤中，
加入做法3拌勻即成。

### tips
新鮮百里香可以在百貨公司的超市購買，或到花市、
園藝店購買整盆盆栽，烹調時隨時取用更方便。如果
使用乾燥百里香，味道沒有新鮮的那麼濃郁，大約需
要1/2小匙才足夠。

# 培根蔬菜筆尖麵

培根加上簡單蔬菜，

就能呈現出義大利麵最經典的風味。

Part3
人氣流行

## 材料

筆尖麵100克、培根3
片、西洋芹50克、牛
蕃茄1/2顆、橘甜椒50
克、巴西里末少許

## 調味料

橄欖油1大匙、鹽適
量、高湯4大匙

## 做法

**1** 參照p.18「煮出好吃的義大利麵」，將筆尖麵煮
熟，泡入冷開水中，瀝乾水分，盛入盤中。

**2** 培根切片；西洋芹撕除老筋，切斜片；牛蕃茄、
橘甜椒都去蒂，切片；高湯做法參照p.17。

**3** 鍋燒熱，倒入橄欖油燒熱，先加入培根、牛蕃茄
炒至半熟，續入橘甜椒、西洋芹略微炒軟，撒入
巴西里末拌勻，加入高湯。

**4** 加入鹽調味，盛出，均勻淋在做法**1**的筆尖麵上
拌勻即成。

## tips

1. 冷麵所用的義大利麵因為不經過二次加熱烹調，
所以可以煮到剛好的熟度，撈出之後盡快浸泡在
足夠的冷開水中，快速降溫與漂洗，能增加麵條
的爽口與彈性。

2. 熱醬遇到冷麵溫度會很快下降，建議趁著餘溫將
醬和麵拌勻，再慢慢食用，是最美味的吃法。

# 千島薯泥通心粉

馬鈴薯泥就像薄外衣般包裹著通心粉，
更添特殊的滑順口感。

Part3
人 氣 流 行

## 材料
通心粉80克、馬鈴薯1顆、冷凍三色豆適
量、高湯或鮮奶少許、九層塔葉適量

## 調味料
千島沙拉醬3大匙、鹽適量、黑胡椒粒少許

## 做法

**1** 馬鈴薯洗淨，連皮放入滾水中煮至熟透，
取出趁熱撕去外皮，然後放入大碗中壓成
泥狀。

**2** 繼續加入所有調味料拌至顏色均勻，再加
入適量高湯或鮮奶，調拌至成軟泥狀。

**3** 冷凍三色豆放入滾水中汆燙至變色，瀝乾
水分，放入做法**2**中拌勻。

**4** 參照p.18「煮出好吃的義大利麵」，將通
心粉煮熟，泡入冷開水中，充分瀝乾水
分，放入馬鈴薯泥碗中拌勻，最後撒上九
層塔葉即成。

## tips
馬鈴薯泥的做法很多，除了直接水煮之外，也
可以利用微波爐、電鍋或烤箱，選擇一種方便
的方式製作即可。

咖哩蔬菜通心粉

家常風味通心粉

難易度 ★☆☆

# 咖哩蔬菜通心粉

加入咖哩調味，

更增添蔬菜的新鮮與甜美。

Part3
人 氣 流 行

**材料**
通心粉100克、市
售咖哩口味調理包
1包、茄子50克、
胡蘿蔔80克、巴西
里末少許

**做法**

1 參照p.18「煮出好吃的義大利麵」，將通心粉煮熟，
瀝乾水分，泡入冷水中，盛入盤中。

2 茄子去蒂，切塊；胡蘿蔔去皮，切塊。

3 將茄子、胡蘿蔔放入滾水中汆燙至熟，瀝乾水分。

4 將咖哩口味調理包倒入鍋中煮滾，加入茄子、胡蘿
蔔，以中小火煮至茄子熟透，盛出淋在做法1上面，
撒上巴西里末即成。

# 家常風味通心粉

用最簡單、喜歡的食材，
做出全家都愛的私房料理！

**材料**

通心粉100克、洋蔥
20克、西洋芹1支、
蘑菇4朵、牛蕃茄1/2
顆

**調味料**

橄欖油1大匙、紅醬3
大匙、高湯3大匙、
鹽適量、白胡椒少許

**做法**

1 參照p.18「煮出好吃的義大利麵」，將通心粉煮
  熟，泡入冷水中，瀝乾水分。

2 洋蔥去皮，切末；西洋芹撕除老筋，切小段；牛蕃
  茄去蒂，切碎；蘑菇切片。

3 紅醬做法參照p.15；高湯做法參照p.17。

4 鍋燒熱，倒入橄欖油燒熱，先加入洋蔥以最小火炒
  約1分鐘，續入西洋芹、牛蕃茄和蘑菇炒熟，倒入
  紅醬、高湯炒勻。

5 以鹽、白胡椒調味，加入通心粉炒勻即成。

# 焗薯泥通心粉麵包盅

以麵包當作容器,

吃法特別,口味更是一級棒!

Part3
人氣流行

## 材料

通心粉50克、圓形法國麵包1個、馬鈴薯泥1/4杯、胡蘿蔔70克、青豆70克、洋蔥20克、培根1片、披薩起司50克

## 調味料

橄欖油1大匙、鮮奶油1大匙、鮮奶3大匙、胡椒粉1/4小匙、鹽適量

## 做法

**1** 參照p.18「煮出好吃的義大利麵」,將通心粉煮熟,泡入冷水中,充分瀝乾水分。

**2** 馬鈴薯泥做法參照p.142;培根、胡蘿蔔和洋蔥切小丁。

**3** 圓形法國麵包切除頂端1/3,將中央挖空,做成麵包盅。

**4** 鍋燒熱,倒入橄欖油燒熱,先加入洋蔥、培根以小火炒香,續入胡蘿蔔、青豆,炒熟後加入馬鈴薯泥、鮮奶油、鮮奶、胡椒粉、鹽和通心粉拌勻,盛入麵包盅中。

**5** 撒上披薩起司,移入預熱好的烤箱,以200℃烘烤約5分鐘即成。

### tips

在經過焗烤之後,法國麵包的香味極佳,不過若是不小心烤得太久,很容易脫水,口感硬得像石頭。如果喜歡起司焗久一點,或是麵包吃起來軟一點,可以在法國麵包表皮上稍微抹一層水再烤。別包錫箔紙烤,那會讓麵包失去口感。

# 果香甜味車輪麵

以各色水果為主角，
健康排毒、美容首選料理！

Part3
人 氣 流 行

## 材料

車輪麵80克、奇異果1/2個、草莓3個、小型
紅蕃茄2顆、鳳梨片適量、綜合水果丁少許

## 調味料

藍莓果醬2大匙、橄欖油1/2小匙、罐頭鳳梨
汁適量

## 做法

**1** 參照p.18「煮出好吃的義大利麵」，將車
輪麵煮熟，泡入冷開水中，瀝乾水分，盛
入盤中。

**2** 新鮮水果都洗淨，去除蒂頭或去皮，切小
塊；罐頭水果取出，處理成適當大小；將
所綜合加入做法**1**中混合均勻。

**3** 藍莓果醬倒入小容器中，加入罐頭鳳梨汁
調稀，再倒入橄欖油充分拌勻，最後淋入
車輪麵中拌勻即成。

## tips

水果可自己組合，但建議盡量能包含紅、黃、
綠、白等不同顏色的水果，營養更完整。此
外，避免選太硬的水果，以免和車輪麵口感難
以搭配。

# 什錦義大利湯麵

義大利麵也能變成湯料理！
一樣可口，令人大飽口福。

Part3
人氣流行

**材料**
筆尖麵120克、豬肉50克、洋蔥20克、胡蘿蔔40克、西洋芹40克、玉米筍3支

**調味料**
橄欖油1大匙、高湯240c.c.、胡椒粉1/4小匙、鹽適量

**做法**

1 參照p.18「煮出好吃的義大利麵」，將筆尖麵煮熟，泡入冷水中，瀝乾水分。

2 豬肉、洋蔥切絲；胡蘿蔔去皮，切絲；西洋芹切細條；玉米筍對半切開；高湯做法參照p.17

3 鍋燒熱，倒入橄欖油燒熱，先加入洋蔥以小火炒軟，續入胡蘿蔔、豬肉，炒至半熟時，放入西洋芹、玉米筍和高湯，以中火煮滾。

4 加入筆尖麵，以胡椒粉、鹽調味即成。

**tips**

西洋芹、玉米筍如果久煮容易變色、口味盡失，建議在肉絲炒至半熟時再加入，才能保持食材的鮮美和口感。

Cook50214

# 簡單吃義大利麵

平凡的食材、萬用基本醬汁，用味蕾感受義式料理的滋味

作者｜洪嘉妤

攝影｜陳清標・林宗億

美術｜許維玲

編輯｜彭文怡

校對｜翔瀠

企劃統籌｜李橘

總編輯｜莫少閒

出版者｜朱雀文化事業有限公司

地址｜台北市基隆路二段13-1號3樓

電話｜02-2345-3868

傳真｜02-2345-3828

劃撥帳號｜19234566 朱雀文化事業有限公司

e-mail｜redbook@ms26.hinet.net

網址｜http://redbook.com.tw

總經銷｜大和書報圖書股份有限公司 02-8990-2588

ISBN｜978-986-06659-8-7

初版一刷｜2021.09

定價｜320元

出版登記｜北市業字第1403號

國家圖書館出版品預行編目

簡單吃義大利麵：平凡的食材、萬用基
本醬汁，用味蕾感受義式料理的滋味
／洪嘉妤著 - 初版. - 台北市：朱雀文
化，2021.09〔民110〕面；公分，-
（Cook50：214）
ISBN 978-986-06659-8-7（平裝）
1.食譜 2.義大利
427.1

**About買書：**

●實體書店：北中南各書店及誠品、金石堂、何嘉仁等連鎖書店均有販售。建議直接以書名或作者名，請書店店員幫忙尋找書籍及訂購。

●●網路購書：至朱雀文化網站購書可享85折起優惠，博客來、讀冊、PCHOME、MOMO、誠品、金石堂等網路平台亦均有販售。

●●●郵局劃撥：請至郵局窗口辦理（戶名：朱雀文化事業有限公司，帳號：19234566），掛號寄書不加郵資，4 本以下無折扣，5～9本95折，10本以上9折優惠。

# 石臼碾磨
# 茉莉義大利麵
## 百年磨坊家族事業

🌾 堅持傳統石臼慢磨製粉

💧 選用Molise高山冷泉揉製麵糰

🌾 領先業界蛋白質含量14%

⋯ 麵體表面粗糙更能吸附醬汁